LOCUS

LOCUS

LOCUS

LOCUS

領導者。這個「者」是多數，各部門的主管都是領導者。

——施振榮

願景如何實現？

以及 2010 年的目標

施振榮 著

蔡志忠 繪

總序

《領導者的眼界》系列，共十二本書。
針對知識經濟所形成的全球化時代，十二個課題而寫。
其中累積了宏碁集團上兆台幣的營運流程，以及孫子兵法的智慧。
十二本書可以分開來單獨閱讀，也可以合起來成一體系。

施振榮

　　這個系列叫做《領導者的眼界》，共十二本書，主要是談一個企業的領導者，或者有心要成為企業領導者的人，在知識經濟所形成的全球化時代，應該如何思維和行動的十二個主題。

　　這十二個主題，是公元二○○○年我在母校交通大學EMBA十二堂課的授課架構改編而成，它彙集了我和宏碁集團二十四年來在全球市場的經營心得和策略運用的精華，富藏無數成功經驗和失敗教訓，書中每一句話所表達的思維和資訊，都是真槍實彈，繳足了學費之後的心血結晶，可說是累積了

台幣上兆元的寶貴營運經驗，以及花費上百億元，
經歷多次失敗教訓的學習成果。

除了我在十二堂EMBA課程所整理的宏碁集團
的經驗之外，《領導者的眼界》十二本書裡，還有
另外一個珍貴的元素：孫子兵法。

我第一次讀孫子兵法在二十多年前，什麼機緣
已經不記得了；後來有機會又偶爾瀏覽。說起來，
我不算一個處處都以孫子兵法為師的人，但是回想
起來，我的行事和管理風格和孫子兵法還是有一些
相通之處。

其中最主要的，就是我做事情的時候，都是從
比較長期的思考點、比
較間接的思考點來出
發。一般人可能沒這個
耐心。他們碰到問題，
容易從立即、直接的反

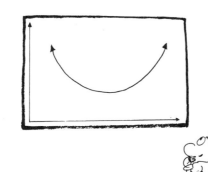

應來思考。立即、直接的反應，是人人都會的，長期、間接的反應，才是與眾不同之處，可以看出別人看不到的機會與問題。

和我共同創作《領導者的眼界》十二本書的人，是蔡志忠先生。蔡先生負責孫子兵法的詮釋。過去他所創作的漫畫版本孫子兵法，我個人就曾拜讀，受益良多。能和他共同創作《領導者的眼界》，覺得十分新鮮。

我認為知識和經驗是十分寶貴的。前人走過的錯誤，可以不必再犯；前人成功的案例，則可做為參考。年輕朋友如能耐心細讀，一方面可以掌握宏碁集團過去累積台幣上兆元的寶貴營運經驗，一方面可以體會流傳二千多年的孫子兵法的精華，如此做為個人生涯成長和事業發展的借鏡，相信必能受益無窮。

黑先

目錄

前言

- 創造人性化之願景
- 軟體可以與硬體結合，提高附加價值；也可以針對本地、區域性的需求，提供適當的軟體或服務。

我曾經參加過六、七次的策略會議，好像每次都蠻有成就感的。因為，在策略會議裏面，大家腦力激盪，什麼話都可以講，很過癮；更重要的是，當你回想到五年前、十年前，所訂的那些願景（Vision）、策略與目標，發現經過一段時間之後，與真實狀況好像八九不離十，這種成就感是蠻高的。

為什麼我們要對未來五年、十年訂定一些願景或目標？我的經驗是：一個會要開得好，絕對不能是一言堂，一定是大家的共同參與；主要就是集思廣益、腦力激盪。因為會議的結論是很多人的智慧結晶，所以你提出來好像不太對的想法，都會經過

適當的修正，到最後通常會有很好的結果。

　　像宏碁集團在 1997 年的策略會議中，面對 2010 年的軟體事業時，提出「創造人性化位元」（Creating human-touch bits）的願景，目標是在 2010 年的時候，整個集團三分之一的利潤（Income）及六分之一的營收（Revenue）要來自軟體（Software）；當然，這個目標是比較大、比較籠統的。因為，在當時的時空背景中，你要談那麼久以後的狀況，本來就沒有辦法。

　　我們當時提的是以台灣為出發點，看優勢在什麼方向。方向有三：

一‧就是與硬體結的合（Embedded），使硬體附加價值提高，對消費者也更體貼的軟體。由於硬體本身是全球性的，所以和硬體結合的這種軟體也是全球性的。

二‧針對本地，區域性需求的軟體內容。

三‧服務。而這種服務又和7-11的服務不同，是透過資訊科技來進行的服務。

在這個過程裏面，好處就是說，結論都很精簡。因為策略會議開完以後，所有的討論經過去蕪存菁後，留下來的都是很精簡、印象也比較深刻的東西；這些結論會使未來的共識、溝通，都變成非常非常方便。

因應數位經濟時代的挑戰，我們一定要談未來的願景及策略。剛好在 2000 年五月底，我和台北市電腦公會的幾位理監事，進行了一次策略會議，得出一些結論；所以，在這裡我就利用這個策略會

議做爲實例，來跟大家分享資訊產業界對台灣未來

發展的看法。

除了目前的智慧手機、遊戲機、家電、電腦之外
數位傳輸的科技還可以創新出甚麼生活必需商品呢？

爲什麼需要新願景？

- 外在環境改變
  - 後 PC 時代
  - 網路帶領數位經濟
  - 軟體與服務創造更多價值

- 內部環境改變
  - 超越兩千年的目標，資訊產品已是世界第三
  - 軟體大幅落後兩千年的目標
  - 資訊產業是台灣經濟的核心

大家首先會問的是，爲什麼要有新的願景？當然，那時候我們訂的願景是 2000 年，2000年已經過了，實際上是慢了一點，應該在兩、三年前就開這個策略會議，可能會更好一點；不過，最重要的是：因爲外界的環境變了，內部的環境也變了。雖然今天看的主流還是 PC（個人電腦），不過大家已經感覺到 Post PC（後 PC 時代）了；此外，經過這幾年的醞釀，尤其是以美國爲主的所謂新經濟的發展，就是數位經濟的發展，大家所談的網際網路（Internet），已經都不一樣了。

實質上，大家本來就了解在「微笑曲線」的左邊或右邊，會比較有價值；但是，反過來說，當我

們在中間還沒有站穩之前，也只能知道而已。現在，以台灣的資訊產業而言，中間已經站穩了，我相信在短期內，五到十年間，真正的競爭對手，不會很快地出現。

那麼，在這個時候，我們要如何利用這個基礎，趕快往左、右邊轉移；轉到智慧財產權的創造、軟體價值的創造、與服務價值的創造。這些新的價值的創造，對台灣資訊產業未來的發展，變得非常的重要。

就微笑曲線左右兩個方向的重點而言，短期內，台灣的發展重點應該在左邊，瞄準技術的全球市場。但為了在全球競爭中取得領先，著重的技術應該是中等技術，而不是尖端技術。理由有二：尖端技術一定是在兩個情況下發生，一是市場龐大，二是技術水準領先。台灣沒這兩個條件，因此應該著重在中等技術，落後國家有需求又跟不上，先進國家則不願意做的技術。中等技術，照樣可以精益求精。

長期而言，則還是在右邊：服務，以及區域性內容為主的軟體。要做右邊，是為了大陸市場著想，台灣還是太小。

　　另外一個就是：台灣內部的環境也變了，我們的資訊產品超越當初所設定 2000 年的目標，現在已經是全球第三名了，只是，軟體還是落後蠻多的；甚至於，我們認為資訊產業的國際競爭力，是台灣免於亞洲經濟危機、金融危機的關鍵。但是，反過來，台灣當然多多少少有地雷股，也有一些金融風暴；不過，這些都不是全面性的，而且可能對台灣的經濟發展，是有絕對正面的意義的。也就是說，很多有問題的企業，可能是因為他的經營理念與手法，已經完全不能配合這個時代的需求，應該要被淘汰的才是正確的；所以，這樣一個過程，本身應該是很正確的。

植入式與大腦神經元
結合的生化電腦，
才是未來的終極電腦。

甚麼才是未來的終極電腦？

會是以智慧手機當平台，
無線傳輸的電腦嗎？

還是與同步衛星連線，
以耳機和3D眼鏡結合
的半生化電腦？

原2000年願景及達成狀況

- 世界一流的資訊產業，國際公認的科技重鎮
- 至少影響 5 項主流產品標準——結果達成13 項產品全球第一
- 本地 PC 裝置量超過 500 萬台——可望超過
- 硬體產值 400 億美元，軟體產值 120 億美元——硬體可超過，
  軟體只達三分之一

　　1993 年的二月二月，當時我同時身兼台北市電腦
公會的理事長、電工器材同業工會電腦組及台北市進
出口公會電腦組的負責人；為了配合台灣資訊產業的
發展，我們就以台北市電腦公會的名義，找了一些業
界來談 2000 年的願景。

　　當時，我們就訂「世界一流的資訊產業，國際公
認的科技重鎮」，做為台灣資訊產業在 2000 年的願
景；事後，這個願景也受到資訊同業的認同，所以就
成為整個台灣資訊產業發展的共同目標。

影響但難以主導主流產品的標準

　　在擬定 2000 年願景的同時，當然也要有具體的目標：比如說，我們要追求有幾項主導的產品，可以影響主流產品的標準。當然，到目前為止，我們不是真正能夠主導產業標準的訂定；不過，這裏寫的是影響，當然我們有影響到，比如說現在 PC 的 Bus（資料匯流排），PC133 和 RAM Bus，我們就產生了影響。我們的目標就是台灣可以影響整個標準的某一部份，至於真正主導一些標準，今天我們還沒有那個位置。

從另外一個角度來看，要主導產業的標準，恐怕也不是那麼容易的事情。即使像日本在電子產業那麼強勢，對於 HDTV（高畫質電視）的標準、通信的標準等等，她都無法主導；有時候，甚至會有政治力的介入，被政治干預而不能變成標準。中國人講求「和氣生財」，所以，我們做生意就儘量不要跟政治有關；反正不管是誰當標準，我們就跟著他，也無所謂。

　　訂標準很辛苦，要投入相當多的資源，並且不是說成就成的事，以Wintel（由微軟及英代爾所制定的個人電腦產業標準）來說，也是各種機遇聚合在一起才有的結果；所以，我們實力不足，就不一定要站上訂標準的位置。如果有一天像 Wintel的主導情勢產生變化，以台灣目前掌握的製造優勢，我們應該可以承接；但如果是有心要去主導標準，則實在是很難。所以，如果我們不去主導標準的制定，但是能夠同步地了解及介入；也就是說，我們不花那麼多精神來主導標準的制定，但是，研究發展的方向，都跟標準走，亦步亦趨，實質上是比較有利的。

　　我們現在要擔心的是：今天台灣資訊產業的規模那麼大，如果我們對於標準的方向沒有辦法掌握的話，也會造成問題。換句話說，當人家在訂標準的時

候，萬一我們被排在門外，那就比較麻煩了。因為，我們的產品是要銷售到全世界去，所以不能閉門造車；如果真的有一天，變天的時候，我們一下子跟不上，也很吃力。當然，整個發展還

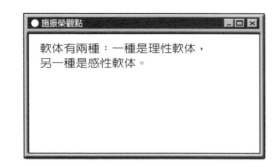

好，在很多的標準要落實到大量商品化的時候，可能我們是不可或缺的角色；所以，我們不會被排在門外。因為假如我們量產的時程慢，就等於是全球的產品普及的速度也會慢了下來；我們不做，大家的標準也成不了氣候，不能普及化。這樣，我們就安全了，因為我們已經有機會去影響主流產品的標準。

軟體產值沒有達到目標的原因

台灣本地市場的 PC 裝置量超過500萬台，這個是比較簡單的目標。最重要的是：整個硬體的外銷金額要達到400億美金，軟體產值是120億美金。結果硬體是超過了，預估將有 457 億美元的總產值；但是，軟體的總產值預估只有 39 億美元左右，差了三分之

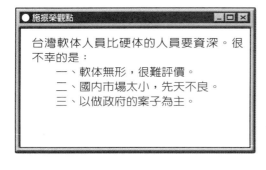

二。軟體未能達到當初所設定的目標，其中有很多的原因。

第一個原因，當然是因為台灣的本地市場太小，這是軟體產業所面臨最麻煩的問題。既然這麼說，為什麼我們還是樂觀地認為以後會比較有機會？這跟我們現在硬體的基礎及網際網路的普及化有關：隨著我們硬體及企業的國際化，我們可以進一步地開拓亞洲鄰近的市場，這會讓我們的軟體產業有機會在未來蓬勃發展。此外，如果我們不積極在軟體的應用著力的話，可能未來抱住的產品，會是一些比較沒有附加價值的東西，所以這是我們需要去改善的。

第二個原因是廠商心態的問題。我在 1996 年到軟體協會演講的時候，當時我就說廠商的心態是有問題的。在美國，軟體公司的地位不但不比硬體公司低，反而是軟體公司比較大；在台灣現實的產業環境中，是硬體產業比軟體強勢，但是軟體的工作人員，卻是比硬體的工作人員資深；所以，我就直接點明

了，要解決這件事情，就是軟、硬體要有效地互相提攜，不要把它分的很開。

此外，因為軟體公司大都是以外商的身分來到台灣，當然是著眼於台灣的市場；所以，在他們國際化的

觀念裡，把產品從台灣打出去的想法，是比較少的。最糟糕的是，大家都把注意力放在搶數額比較可觀的政府的生意。我不斷地強調，政府的生意是全世界「最無效率」的生意！因為每一個本地市場，只有一個政府。一個案子做的半死，花了很多時間，三年、五年做完了，又怎麼樣？軟體產業本來就是以知識為基礎的經濟，最重要的就是原先累積的 Know-how（成功的技術），可以不斷地重複（Repeat）及複製（Duplicate）。現在接了政府的案子，很辛苦做完了，下次再做，又是完全不同的新的案子，當然整個台灣的軟體產業就會有問題。

最近，由於個人電腦及網際網路越來越普及，所以整個產業的生態也完全改觀了；很多企業已經被逼著不用網際網路不行，不用 MIS（資訊管理）不行了，所以市場變大了。政府雖然是比較有錢，但政府

客戶就那麼一個，不會有第二個政府，因此也限制市場的發展；但是，現在是企業界變成市場，企業界有量，也沒有採購的問題，所以，慢慢地軟體就有發展的空間。最近，軟體公司的獲利空間以及未來的發展前途，就高了很多很多了。

做軟體，要瞄準全球市場不容易，美國公司有這個得天獨厚的條件。除了美國之外的成功例子，有日本的遊戲軟體，歐洲像SAP這種軟體，印度則是做些軟體的加工。

軟體有兩種：一種是理性軟體，理性軟體可以不和市場結合，因此像以色列在這方面就做得很好。另一種是感性軟體，一定要有廣大的腹地市場；在這方面，美國處處領先，尤其是電影。

網際網路出現後，改變了很多情勢：第一，大家的市場腹地都變大了，二，操作方便。所以台灣軟體業者如果願意改變心態，今天的機會要比過去好很多了；而如此累積經驗及發展之後，將來到大陸可以有很好的發展。

台灣的SWOT

- 由世界級PC的相關產業變身資訊家電王國，成為華文服務及內容供應中心
- 財經政策與相關法令規章無法配合數位經濟的發展

　　去主持或者參與一些願景的會議，除了內、外環境的因素外，還要檢視及討論 SWOT（優勢、缺點、機會、威脅），一般要把眾人意見經過篩選，每一項精簡到最後大概是十項左右；然後大家再一起討論，經過投票後，把十項濃縮到五項，就可以做為一些重要的參考指標。

表4-1　SWOT分析

Strength（優勢）	Weakness（缺點）
- IC 及 PC 的相關產業 - 華人市場的經營能力 - 速度及彈性、創業精神 - 工程人員素質高 - 與國際公司的策略聯盟	-通訊、網路基礎建設不足 -品牌力不足 -本地市場太小 -軟體產業的規模／資訊應用不足 -非技術及製造專業的國際化人才不足
Opportunity（機會）	Threat（威脅）
- 資訊家電王國 - 華文服務及內容供應中心 - 整合兩岸資源 - 亞太的 EC 及應用軟體中心 - 無線通訊市場	-兩岸關係 -財團法人角色不再配合產業需求 -財經政策與相關法令規章無法配合 　數位經濟的發展

　　以台灣的優勢而言，台灣的半導體和個人電腦產業，當然是具有世界級的競爭力；此外，不可否認的，我們比較能夠經營華人市場。在主要的華人市場裏面，新加坡、香港、大陸本質上可能都具備經營華人市場的能力；但是長期而言，都比不過我們台灣的競爭力。

　　速度、彈性、創業精神本來就是我們的本質，高素質的工程人員，更是我們的競爭利器。還有，

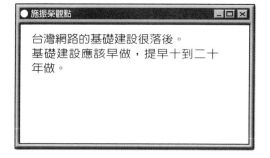

在現在全球分工整合的趨勢裡面，我們扮演國際策略聯盟的角色，已經駕輕就熟，而且彼此的關係非常密切。2000 年5月在台北所召開的「2000 年世界資訊會議」，就是最佳的例證。我想，除了美國以外，在其他國家恐怕還沒有這麼多資訊業界重量級的CEO，同時來參加一個資訊會議；所以，這表示台灣在整個國際資訊產業，佔有一個很重要的定位。

台灣的缺點當然是通訊和網路的基礎建設還是不足，基礎建設應該早做，提早十到二十年做。未來應該優先加強的是：一，頻寬擴充和成本降低。二，初步推動的力量(initial momentum)，以便產生一個經濟規模。三，自由化。

實質上，我們認為網路的基礎建設是比較簡單的問題；當然也要有法令的配合，因為現在中華電

信還是公營的（註：現已逐步民營化），不過，應該會慢慢改善。其實，人多地小也有好處，相對地，在基礎建設部分是比較簡單。如果是硬體的基礎建設（Hard Infrastructure），這只是錢的問題，是比較容易投資的；要利用這個基礎建設做軟性的管理（Soft Manage），這個才是比較大的困難。實際上，通訊和網路的基礎建設應該把它看成是龍頭，而且用的錢真的不多，應該在這方面要加強；但是也因為往往牽涉到採購的問題，就是常常會拖延，沒有辦法。

品牌力不足是眾所皆知的問題，但是，很現實的是，當真正要面對這個問題的時候，如果單從生意角度來思考的話，要突破這件事情的成本實在是太高了；所以，這是一個短期內不容易解決的問題，當然我們還是要有一套方法來因應。

本地市場太小、軟體的規模不夠、資訊的應用不足等等，都是我們的缺點；另外一個是，台灣在製造、技術的人才還好，但是屬於非製造的行銷、財務、國際化、甚至於人事的管理等等，非技術專

業的國際化人才，卻是大幅度地欠缺，這個也是我們現在的弱點。其實，美國在五十年前，也曾面臨國際化人才不足的問題，所以，他們就在亞利桑納州成立桑得博學院（Thunderbird），專門做國際管理（International Management）人才的培訓。所以，當你有一個問題的時候，還是要有一個對策，否則，就無法突破那個困境。也就是說，你有一個需求的時候，可能要三、五十年之後，才可以解決問題；所以，今天我們了解這些問題，能不能做成是一回事，該不該做才是最重要的。你要不要啟動第一步，來做這個事情，是非常重要的。

政策和教育要跟上時代

台灣的機會在哪裡呢？我們要從個人電腦王國變成 IA（資訊家電）王國，這個是易如反掌，應該沒有太大的問題。華文的服務、內容的供應中心，

知識經濟時代
就是知識有價的時代……

KNOWLEDGE……

這個是有條件，當然也有挑戰；台灣相對地是比較民主、自由的社會，這個本身是一個很關鍵的條件；我們的教育也比較普及，而且擁有華人市場相對地比較集中市場，比新加坡、香港大。很多內容的創新、各種服務的創新，也比較不會受到法令的限制，應該會比較有發展的。

另外一個機會就是，能夠有效地整合兩岸的資源。十年以後我們不敢講，如果只提未來幾年，要把兩岸的資源整合，而且接軌到國際上的分工裏面，很明顯的，當然是我們在扮演整合的角色。亞太的電子商務及軟體應用中心，也是一個機會；無

夠專業、創新的知識
透過網路傳輸、販售，
可以變成現金的時代。

線通訊市場，當然是一個新的機會。其實，在我們所看見的機會裡面，如果從硬體的角度來看，在半導體和個人電腦產業之後，通訊是一個很大的空間。

兩岸關係的穩定與否，當然是我們最大的威脅，但這個不是企業界所能夠掌握的，就讓另外一批人去努力。工研院、資策會等財團法人，在台灣發展高科技的過程中，扮演了關鍵、重要的角色；但是，現今的時空背景已經完全不一樣了，財團法人可能無法再配合產業的需求了。比起創立超過二十年的這些財團法人，台灣相關產業的規模，已經不可同日而語了，所以他們的角色，應該是要重新定位。

在財經政策方面所牽涉的層面是比較廣的，政府有很多的政策是和財經有關的；實際上，不要說政府沒有辦法配合數位經濟，政府單位如果如果沒有去處理，沒有去重視、改變這個威脅的話，對產業未來的發展，就會產生很大的效益問題。

以我自己接觸的個案為例，最近我剛接到一些

美國密西根大學商學院的資料，他們也在談：在數位經濟裏面，我們現在所教的會計原則（Accounting Principle），是不是還是對的？這個就是說，所有你過去的知識，和那一些會計原則，都是舊的經濟原則；新經濟的會計是長得怎麼樣，我們不曉得？誰要研究這些東西？所以，不要說政府的法令跟不上，恐怕連教育都跟不上。

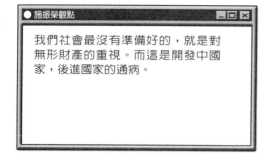

施振榮觀點

我們社會最沒有準備好的，就是對無形財產的重視。而這是開發中國家，後進國家的通病。

我曾經和洛克斐勒參議員有機會談到教育的問題，他就很擔心美國從幼稚園到中小學的教育內容，根本沒有辦法應付新經濟的要求。他們也在擔心這個問題，不過，反過來說，我們多少人在擔心這個東西？擔心之外，那些政治家有沒有心，來為我們這個社會的大環境，做必要的調整？提供更好的環境？這個當然就是現實環境的問題。

施振榮觀點

經濟是談供需。知識經濟是知識的供需。因此，就社會來說，過去大家的觀念是有土斯有財，看財務報表要看土地的價值等等，但是進入知識經濟之後呢，還要看這些嗎？

施振榮觀點

就教育來說，今天所有的教材可以說都是根據舊經濟而來的。這也是沒有準備好迎接新經濟。如何養成創新的習慣？連看一件事情，講一句話，都要思考不同的表達方法。

2010年新願景

- 世界資訊應用的創新者
  資訊產業為基礎，創新應用為重點，以開創世界級知識產業為己任
- 全球數位經濟的領先者
  應用資訊科技，豐富數位內容，發動經濟轉型，成為全球典範

　　當我們在談願景的時候，我們的方法是，讓每一個人儘量地寫下與願景有關的關鍵字：比如說，要創新或者要資訊運用、或者說要和數位經濟有關、典範等等，很多的關鍵字；當然，總是有人的文字修養比較好，到時候會把它湊起來，成為比較漂亮的一句話。但是，只有作文章是不夠的，在作文章之前，大家應該要先了解，那個願景裏面最主要的因素（Element）是什麼？也就是說，這種關鍵的字是什麼涵義？

　　在這裏，關鍵的字就是「資訊應用」。大家經常把資訊應用和資訊產業混為一談。其實，資訊可

以應用高科技，也可以應
用非科技、高感性。所
以，我們應該把應用面當
作一個有潛力的市場來
看，甚至政府要有積極的
措施來帶動。今天很多人

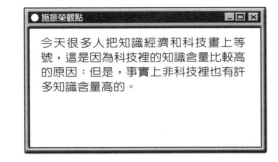

● 施振榮觀點

今天很多人把知識經濟和科技畫上等
號，這是因為科技裡的知識含量比較高
的原因：但是，事實上非科技裡也有許
多知識含量高的。

把知識經濟和科技畫上等號，這是因為科技裡的知
識含量比較高的原因；但是，事實上非科技裡也有
許多知識含量高的。我認為知識經濟最重要的是：
一，專業知識；二，可以透過科技來大量複製、傳
播。

2010 年新願景在強調資訊應用，而且是要創新
的資訊應用，是要面對數位經濟的一個新的領先
者。但是，我們在這裏所談的是還要做到「典
範」，到底是要特別強調什麼？我們認為美國新經
濟的發展，是全球的，可以參考的；但是，對於其
他資訊落後的國家而言，美國的模式，不一定是最
好、最有效的典範。反而是在台灣的發展過程中，
所累積的「台灣經驗」，可能更是典範。我們在策

略會議中，是有討論到這個理念，但是在文字裏面能不能充分地表達得很清楚呢，我想不是那麼容易的；所以，我們事後又稍微再說明得更清楚。

軟硬兼優：High-tech與High-touch

在策略會議中，我們對所謂「台灣經驗」的定位，比較簡單的講就是「軟硬兼優」：軟體、硬體我們都要。如果從這個角度來看，實質上和我們後來在談的很多事情，都剛好符合了。「人文科技島」，人文是軟的，科技是硬的；「綠色矽島」，綠色是軟的，矽島是硬的。然後，「高感性」（High-touch）是軟的，「高科技」（High-tech）是硬的；軟硬是要同時發展，同時也要追求平衡

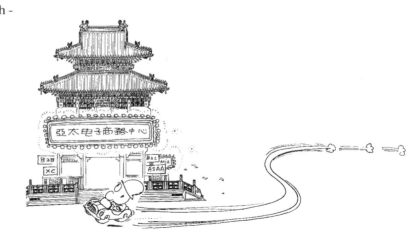

的。

就好像在沒有飯吃的時候，你會說麵包重要；當你有麵包的時候，你應該會說愛情跟麵包一樣重要。所以，台灣是有了高科技之後，我們要強調人文跟科技的平衡是很重要的。其次，這裏還有一個很重要的觀念，是和時間有關的：過去經濟的發展是可以犧牲環保的，因為如果沒有犧牲環保，根本就沒有經濟的發展；這是因為在過去受限於科技和智慧，所以不懂，也不得不犧牲環保，來換取經濟的成長。

2010年目標策略

但是，如果我們面對未來的知識型經濟，你就會發現：由於運算能力幾乎不要錢，當然對資源的概念就會有很大的差異。你看半導體產業中的台積電跟聯電，每天要運作多少的運算能力？以後根本到處都是，幾乎是取之不竭、用之不盡的。此外，透過教育的普及，整個人力的資源也都會變成很普及。在這樣一個情況之下，MIT（麻省理工學院）

的教授梭羅（Thurow），也提出一個看法：未來的經濟發展不應該再犧牲環境。也就是說，環境是一個有限的資源，讓你不能無限制地用下去了；但是，剛好在面對這個新世紀的時候，未來即使不要破壞環境，我們也照樣能夠不斷地經濟成長。這是一個新的契機，也是所謂新經濟的開始。

　　整個「世界資訊應用的創新者」的理念是說，以資訊產業為基礎，來創新應用；為什麼應用要加上創新呢？因為應用的範圍實在是太廣了。我們不斷地強調說技術是全球化（Global）的，所以，如果美國在技術上已經創新了，那麼我們就不要在同樣的技術上再創新了，反正經濟規模差那麼多。但是，應用是無窮的；不管在美國是怎麼用的，台灣不這樣用，自然就會有創新的空間。所以，我們一定要有創新的應用，做為我們未來開發資訊產業的重點；然後，再來把開創世界級的知識產業，做為己任。

　　「全球數位經濟的領先者」是說應用資訊科技，同時來豐富數位的內容，把很多人類的文明、

很多不斷產生創作和創新，
能夠變成數位化。因爲，新
的經濟是比舊的經濟更具效
益，所以，我們要發動新的
經濟，讓整個經濟轉型。在
這樣的過程裏面，我們希望

同時也能夠變成全球的一個典範。我們可以有這種
期待，是因爲台灣一直在尋找一條突破的路，有別
於美國這種先進國家的路。美國有些環境和條件是
得天獨厚的，別人學不來，而台灣的路，反而可以
供人參考。尤其是如果我們可以走到大陸的前面。

　　大致上，我們對2010年的願景就是上述這些內
容：「世界資訊應用的創新者，全球數位經濟的領
先者」，雖然實際上只有簡單的幾個字；不過，後
面隱藏的意義是相當廣泛的。

5 年目標

- e-Island
  - 60% 企業及機構 e 化
  - 90% e-家庭
- 資訊家電王國（IA supply center）
  - 全球供應中心
  - 亞太知名品牌中心
- 亞太數位服務品牌中心

　　願景訂十年，怕時間太長了，所以，我們就再訂一個五年的目標。2005 年的目標是要把整個台灣變成是電子化的島嶼（e-Island）：百分之六十的企業及機構，百分之九十的家庭都已經 e 化了。實質上，這些百分比都是那一天先抓出來的，到底要不要再深入，再精算、確認一下，都是可以再商榷的；到底是七十，還是五十才是對的？我們沒有定見，因為這個都是憑直覺的。但是，我們有討論到超過五十就是大趨勢，五十以下表示不重要；就像及格不及格，六十大概有機會了，因為已經過半了，「勢」已經形成了。

　　百分之九十的家庭都已經 e 化，我們是參考傳

統的家電。不論是電視機還是電話，普及率都是在 90% 以上，才算真正影響家庭的生活；所以， e-家庭就要 90% 的比率，才算是全民參與。

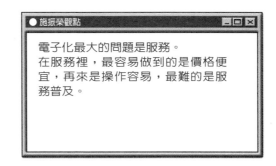

　　電子化的定義，會隨時間的不同而不同：今年，只要是網路加e-mail（電子郵件）也許就是電子化的主體，但是五年後，電子化卻可能要涵蓋一個人出門之前所有的購票、消費服務等等，所以最大的問題是服務。在服務裡，最容易做到的是價格便宜，再來是操作容易，最難的是服務普及。

在成為資訊家電王國方面，當然全球 ODM（原廠委託設計製作）的供應中心，早就是存在的，比較簡單。但是，我們同時又有一個共識：如果先不談全球的市場，只談亞太這個地區，我們能不能在資訊家電的領域中，創造出幾個亞太有名的品牌？這是我們大家一起共同的目標。當一個地區只有一個品牌，像 NOKIA，是很奇怪的；一般都是同時要有好幾個品牌，才能襯托整個氣勢。所以，我們是認為要更多的品牌。

會打扮、夠新潮、會把馬子，能與世界所有電腦交朋友分享一切流行資訊的就是夠酷的年輕人電腦。

另外一個就是數位服務本身，數位服務也是一種靠品牌的生意，只是它的產品是無形的，是服務的；所以，我們也希望能夠創造一些亞太地區的服務品牌。

甚麼才是夠酷、夠炫，
能滿足年輕人的創新
電腦呢？

輸入年輕人的DNA數列，
讓電腦有年輕人的特質，
聽他自己怎麼說便知道。

10年目標

- 亞太的電子商務中心
- 資訊家電全球知名品牌中心
- 東方（Oriental）數位內容（Contents）的世界供應中心

10年，也就是2010年的目標，就是使台灣成為亞太的電子商務中心，希望有機會能夠將資訊家電變成世界知名的品牌。這裏面要談的是，資訊家電實際上將會有很多種：手機、智慧型手機、PDA（個人數位助理）、遊戲機、電話機等等，每一項都有很大的發展空間。實際上，就拿手機來看，手機現在全世界的營業規模，已經超過電視機加上錄放影機再加上音響等等的總和；只是短短幾年的功夫，規模就可以這麼大。

由此可見未來的資訊家電所產生的規模，還會有大規模的一些產品。不只是這樣，因為資訊家電有相當的份量，是在背後的服務跟軟體的供應，可能它們的經濟規模，又會

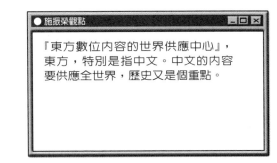

超過資訊家電。所以，反過來說，雖然在業務上，我們可能沒有辦法做到全球化；但是，至少以台灣為基礎，變成亞太地區，尤其大中國和東南亞的中心，是很重要的。

另外一個就是「東方數位內容的世界供應中心」，這裡的東方，特別是指中文。西方文化的源頭是希臘，東方則是中國。中文的內容要供應全世界，歷史又是個重點，花木蘭、三國志等歷史故事會被外國接受，是一個例子。

也就是說，我們當然要在東方數位內容的創作上面，走在前頭，不論是質、量，都要領先；不夠的，我們應該可以來投資。就像拍電影，雖然是到大陸去拍，但是誰在掌握這個東西？當然是我們在主導的；我們運用大陸的人力，來開拓很多東方的數位內容。

如果我們能夠形成一個供應中心，就是說從行銷的角度，從服務的角度，我們在台灣能夠做的比其他地區更好的話；大家會把台灣看成是進入東方數位內容的一個入口（Portal）。

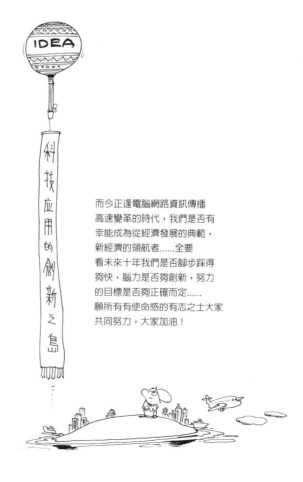

而今正逢電腦網路資訊傳播
高速變革的時代，我們是否有
幸能成為從經濟發展的典範，
新經濟的領航者......全要
看未來十年我們是否腳步踩得
夠快，腦力是否夠創新，努力
的目標是否夠正確而定......
願所有有使命感的有志之士大家
共同努力，大家加油！

650萬年前台灣還只是
沉在海底的歐亞板塊與
菲律賓板塊的
交界之地......

經過數百次像
921一樣的大大小小
地震,台灣島慢慢地
由海底昇起.....

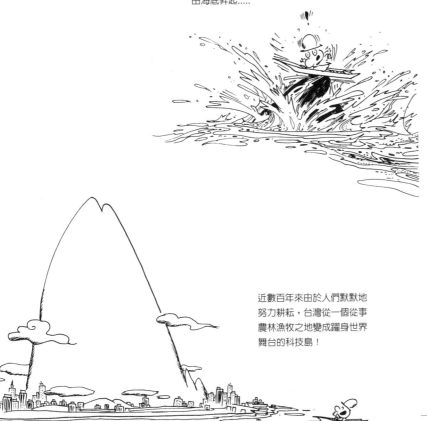

近數百年來由於人們默默地
努力耕耘,台灣從一個從事
農林漁牧之地變成躍身世界
舞台的科技島!

實現願景和目標的策略

- 政府資源的重新調配
- 創造資訊應用的內需市場
- 加強企業 e 化的獎勵誘因
- 加速 e 化人才的轉型與培訓
- 塑造有利的創新環境（獎勵）
- 善用大陸市場與資源
- 加強政府及企業國際行銷（Marketing）能力
- 產業與政府的新互動機制
- 產、官、學擬訂重點應用開發項目，樹立成功典範

　　要實現2010年的願景，以及從現在開始逐步達成五年，十年的目標，我們的策略是什麼？

　　首先，政府資源的重新調配應該是一種常態。不只是政府，每一個人的資源，每一個企業的資源，隨著時間的變化，應該多少做一些調整；也就是說，我們應該把資源用在比較關鍵的地方。譬如說，今天我們要鼓勵半導體，就應該動用這個資源；我們要鼓勵創投，就用這個資源來做獎勵；我們要鼓勵研究發展，希望將很多資源，有效地運用在政府的有關單位，或者在研究發展的投資抵減方面來加強。所以，隨著時間的變化，當它不是那麼關鍵的時候，這些資源應該可以重新調配。當然，

有一些是需要時程的，不管是五年、十年以後，該做的還是要繼續做；或者，甚至於一開始就可以設定年限，只做五年，只做十年，總之，它是以是否關鍵，來做為思考的判斷。

　　第二個是內需市場。美國是以刺激消費，來做為經濟發展的火車頭；台灣從來沒有過，因為我們比較勤儉，所以我們不敢消費太多。我們要把自己的東西外銷，讓別人去消費，賺別人的錢，以便發展自己的經濟。但是，以知識性產業的發展來看，未來內需市場可能是龍頭；知識是無形的。因此，要看準什麼是有價值的，什麼是市場需要的。內需市場近水樓台，最容易接受、明白我們要供應的知識，而行銷起來也最容易。何況，內需市場帶動經濟，在經濟學裡本來就是很重要的。這個內需市場要怎麼樣來運作，是一個不容忽視的課題。

面對新經濟的挑戰，幾乎所有的企業全部都要轉型了。這個轉型，當然包含了所有的硬體設備；但是，更重要還是軟體和人的投資。政府要不要有一些誘因來加速轉型？因為，早一點轉型雖然是比較吃力一點，但是它的經濟效益應該會比較好一點。所以，如何塑造有利的創新環境，及善用大陸的市場和資源，我想對台灣企業的長期發展，是非常的重要。

另外一個就是：加強政府及企業國際行銷的能力，這是建立在人的訓練上面。除了基礎觀念與技巧的需要上課以外，訓練人才最有效的是要有各種不同的大計劃，利用那些計劃來培養國際的行銷能力。真正投入計劃的資源，計劃可能是失敗的；但是，從這個執行過程裏面，卻可以真正建立國際行銷的能力。

實質上，最近我又邀請台北市電腦公會理監事和理事長來開策略會議，就是在建立一種政府跟產業間，新的互動機制的一環。過去台灣企業會發生官商勾結的現象，往往都是因為企業家單獨跟政府談很多的意見，我認為這種型態不是很好的互動基礎；因此，我們同業就一起來討論，再把結果向政府建議，這個就是一個新的產業與政府的互動機制。當然在政府的施政中，要有所謂的關說；但是，這些關說應該是透通的、公開的，是透明化的關說，而且是為整個共同的利益來關說，而不是只為個體的企業、個人來做關說。所以這樣一個互動的機制，是很重要的溝通模式。

反過來說，如果資訊業界有機會的話，也應該做為未來台灣發展的典範。不是只從經濟的角度，也應從各個角度，譬如說，勞資關係的角度、資產重分配的角度、人才運用的角度等等，都應該要做一些示範。此外，因為要做的事情實在太多了，所以，產、官、學應該以整體資源的考量，擬訂出重點應用開發的項目，大家有一個共識，然後儘速地來建立一些成功的典範。

台灣的SWOT是......
速度、彈性、創業精神和
高素質的工程人才是我們的
競爭利器。

企業精神

速度

彈性

5個行動方案

- 誘發活絡的內需市場
- 國際品牌力的提昇
- 具體可行的大陸投資規範
- 人力的質與量

　　為了可以順利地達成願景和目標，實際上，我們也同時整理出九項的成功關鍵因素；不過，我們就只選其中比較重要的五項，做為一個重點，一個開始。活絡的內需市場，要怎麼樣來誘發？國際品牌力，應如何有效地提昇？具體可行的大陸投資，要如何規範？如何創造一個環境，讓整個人力的質與量，能夠不斷地提昇？還有，如何擬訂知識經濟的發展策略？

　　以下就是我們因應這些成功的關鍵因素，所提出的行動方案。

行動方案1：誘發活絡的內需市場

> - 未來三年企業 e 化提供高額投資抵減，
>   鼓勵傳統產業加速轉型，提高競爭力
> - 成立三年 100 億的教育／文化內容開發
>   預算，由民間投資主導開發
> - 提供 B2C 電子商務交易，高額摸彩獎勵
>   。獎勵需求面，替代供給面

　　我們首先來談：如何誘發國內的內需市場。這裏面所談的每一項資源，都有一個關鍵的要素在裏面，那是一個意向，是不是需要修正，還可以再研究；但是，三年企業 e 化提供高額的投資抵減，三年表示有落日的，因為三年是關鍵的時間；高額表示現在百分之二十的投資抵減，可能是不夠的。用什麼方法來解決這個問題，我們可以再談；但是，這個是有它的意義在裏面。整個資源可能用得不多，但是，它對於推

未來，教育的內容需要數位化，國家很多內容也需要數位化。把未來三五年要投資的，提前集中起來，由民間來主導。產生這些知識的經驗等等，都是未來的基礎，而這些基礎不應該放在政府，應該放在民間。這有兩個理由：一來在民間做比較有競爭，二來這些事情本來就是要在民間開花結果的。

動行動的開始，是很關鍵的。

最重要的就是要鼓勵傳統產業加速轉型，來提高競爭力。當然，現在政府正在對傳統產業的振興、轉型，要提出一個方案；不管如何，方案裏面絕對有一個是 e 化。e 化恐怕是很重要的龍頭，可能是比較長期，挑戰也比較大；但是，e 化絕對是傳統產業，要提高競爭力的一個很關鍵的東西。

第二個就是成立三年一百億的教育／文化內容開發預算，由民間投資主導開發。本來我們是談一千億的，因為這個數目才像話，現在台灣一百億的預算已經不算什麼，不過，我們還是要務實，談可行性，所以提出一百億的內容開發預算。實際上，這些錢本來就編列在政府的各單位中，只是希望它可以統籌地應用。今天，我們所建議的是將這些預算，變成市場；也就是說，政府要在未來幾年，買這麼多的數位化教材；民間則在這個規範之下，自己去開發，讓相關部門去採購。這樣一來，整個內容產業的市場，自然就會勃蓬發展。所以，這也是從市場面來考量的。

前面我們已經討論了B2B（企業對企業的電子商務），還有內容產業；接下來，就是 B2C（企業對消費者的電子商務）了。B2C 到底要怎麼弄，我們也不曉得；不過，美國的範例或許可以參考。美國現在在談的是說免稅，B2C 免稅的這個做法，我一下子不能接受；我曾經和美國維吉尼亞州的州長在談的這個問題的時候，我覺得有問題，當然他們後來也沒有通過這個法案。

在美國，大概有三分之一的人，認為電子商務所有的交易，應該免稅。我說這個怎麼可行呢？因為，你交易的是這個東西，如果實際的交易要繳稅，透過虛擬的交易不繳稅，這樣的稅務就不公平了。甚至於，企業已經完成所有的動作，只是把最後那個交易，轉成變成電子商務，就可以免稅了，這樣公平嗎？當時，那位州長給我的回答：「是，就是這樣！」

　　這個回答，我現在想起來就有它的意義，它的意義就是獎勵！政府犧牲那麼大的稅收，透過獎勵，逼得你不得不往電子商務的方向轉型。不過，恐怕美國政府也是沒有辦法應付，一下子虧了那麼多的稅，根本是吃不消的。基本上，從我個人的角度來看，如果實體的東西，透過要電子商務的交易，也變成免稅的話，這個恐怕滋事體大了，是關係到整個財政預算的問題。

　　我們想到統一發票和它的對獎措施是台灣的特色，如果我們所有的 B2C 必須先有電子的統一發票，那麼，我們在電子交易中，當然要鼓勵統一發票。而這個獎金，應該可以現在的實體統一發票的五倍、十倍，甚至於是買了，馬上就可以摸彩，電子摸彩馬上就出來了。透過這樣的獎勵措施，應該可以推

廣 B2C 的電子商務了。

　獎勵需求面替代供給面是和傳統的的獎勵投資不一樣的：傳統的獎勵投資都是從供給面的角度，鼓勵企業投資；現在，我們認爲，在新的知識型產業中，應該是以需求面來獎勵。實質上，我記得在教改也有類似的思考模式：好像是政府發給每一個小孩教育券，家長可以拿這個券去選擇小孩所需要的教育，可以從補習教育或者其他教育開始。這個也是從需求面來刺激，我覺得獎勵需求面恐怕更符合自由經濟的原則。

行動方案2: 國際品牌的提昇

```
·舉辦世界級數位經濟創新產品／
　服務的競賽活動與展示
·推動世界級的數位服務旗艦計畫
```

　數位經濟在美國當然都是很大的，而且是在勃蓬

的發展之中；但是，在新經濟的發展過程裏面，絕對會出現很多創新的產品或者服務。而且，因為它是應用、服務，所以會是當地化的。所以，在台北舉辦的 2000 年世界資訊會議的頒獎典禮中，有幾個獎都沒有落在美國，反而是落在芬蘭、新加坡、日本等國家。其實，在各種不同的資訊應用中，都有一些創新獎；都有各種不同的、有意義的活動，像阿根廷的銀行、羅馬尼亞的 P&G 等等，一些消除數位落差的活動，就可以提昇國際的形象。

因為這個在相對上還不是很優級的差別之際，所以我想這個時候，我們用整個產業的力量，舉辦世界級數位經濟創新產品／服務的競賽活動與展示，實際上可以吸引全球的注目，這樣對台灣的形象是有幫忙。這是一種行銷力的表現，也有助於國際品牌力的提昇。

另外一個就是推動一些世界級的數位服務的旗艦計劃：這裏面當然有 B2B、B2C 跟 G2C（政府對消費者的電子商務）；不過，我們可以先挑 B2C 試做，以電子發票摸彩為號召；如果能變成世界最領先，對台灣的定位會有加成的效果。然後，再推動一些大型的旗艦計劃，以刺激整個電子商務的成長。

行動方案3: 具體可行的大陸投資規範

```
· 定期檢討「根留台灣」的安全範圍
· 在安全範內積極，不容許違規
· 善用大陸市場與資源
· 有計畫引進大陸人才
```

　　接下來是行動方案三：在安全範圍內，具體可行的大陸投資規範。我們認為：對大陸的投資太小，大陸根本不在乎；投資太大，就會牽涉到關鍵的東西。連美國要輸出到大陸都會有控制的一些核心的東西，當然要根留台灣；所以，這裏應該訂一些安全範圍，在安全範圍裏面，應該是積極的鼓勵到大陸投資。過去，我們的法令常常讓廠商認為反正偷跑也無所謂，我們一定要避免有造成偷跑的觀念。

　　至於安全範圍是怎麼樣訂的？這個當然有待一些經濟學家，來建立一個模式。這個模式包含跟產業別、公司的規模、科技的等級、可能跟信心的指數都有關係的，有形和無形的都要考慮；然後，有一個所

不論在資訊應用服務還是在知識經濟裡，台灣都不能沒有大陸市場，有兩個理由：一。台灣和大陸具有同樣的文化背景。二。大陸比台灣算是後進。以前落後十年才算落後，現在落後五年就落後，未來更是落後一年半年就落後。台灣應該善加利用領先的差距，一方面幫助大陸成長，一方面也有助於自己的進一步成長。

謂的安全範圍。

當然，大陸的市場是我們期待的。台灣未來的經濟發展，尤其在資訊應用服務、知識型產業，如果沒有大陸市場，就沒有舞台，變成英雄無用武之地；所以，大陸市場絕對要有所突破。

因為要打這場仗，所以人力資源絕對是不夠的。連微軟總裁比爾・蓋茲都在抱怨說人才不夠，建議美國政府開放移民政策，讓更多的人才移民進去；由此可見，全世界都在搶人才。所以，我們那一天也討論到要有計劃地引進大陸人才，這個實際上是整個移民政策的問題。

馬來西亞的「多媒體超級走廊」計劃，實質上有好幾個計劃，有旗艦計劃、有很多數位簽証計劃等等；其中有一個計劃就是移民，只要是技術人才，就都全部開放。我覺得對於大陸優秀的技術人才，我們也可以引進；當然，我們的建議是，有一些已經留美的、住在那邊比較久的大陸人才，可以長期到台灣來

發展；如果是大陸當地的人才，可能就以短期的方式
到台灣來工作，這也是比較簡單、概括的方式。

行動方案4: 政府資源的重新調配

> ‧政府相關財團法人角色的重新檢視
> ‧由民間主導科技專案

　　對於政府的資源重新分配的部分，我們認為財團
法人對於台灣高科技的發展，曾經扮演很重要的角
色，也有很大的貢獻；但是，未來它的角色是可以重
新再調整，以因應現況的需要。

　　此外，政府的一些預算，慢慢地應該
可以把越來越重的比例，改由民間來
主導。主要的理由是，如果是由民間
來主導政府的科技專案，它可以借重
的民間投資的金額會是更大的，商品
化的過程也會更快。

實質上，雖然是民間主導，它也可以整合研究機構和學術界的資源；但是，在時效上面、在方向策略方面，會比較有效。

- ‧相關高層決策者腦力激盪，擬訂發展願景及策略
- ‧幕僚及執行單位應規劃及探討可行性
- ‧長期計畫、重配資源、逐步推動

行動方案5: 擬訂知識經濟的發展策略

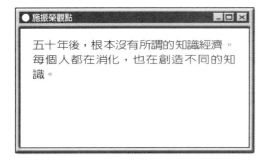

●施振榮觀點

五十年後，根本沒有所謂的知識經濟。每個人都在消化，也在創造不同的知識。

實質上，除了前面四個關鍵的因素外，我們後來又發現：整個所謂知識經濟，牽涉的範圍很廣。今天談資訊產業，我們可以有很多的意

見；但是，真正台灣的未來，就是知識經濟。而整個知識經濟的發展，實際上，資訊業界只能扮演關鍵的角色而已，但不只是資訊業界的事情。

我在 2000 年世界資訊會議的演講裏面也談到一個觀念：未來的新經濟將從高科技（High-tech）變成一個非科技（Non-tech），最後走向高感性（High-touch）。這個意思是說，如果我們看所謂高科技的發展，實質上，未來的運算能力，每年怎麼樣成長？通信怎麼樣成長？都是那個樣子，沒有什麼好談的，舞台都差不多定型了。

但是，反過來說，如何應用這些科技技術，來發展新的經濟；而這個新的經濟是以知識為導向，所以，各行各業都可以參與。也就是說，雖然科技是一種知識，但科技並不代表所有的知識；非科技的知識，實際上是遠大於科技的知識。所以，現在這場戲，已經輪到那些非科技人員來當主角了；不管是藝術創作者、醫生等等各行各業的人，都可以利用科技來創作他的技術。

以管理為例，今天我在這個產業已經三十年了，

教育要外銷，必須要成為產業才行。

這有三個重點：

1. 最高品質的內容：知識要讓人覺得物超所值。
   （就像運動選手，不能只當一般運動選手，
   要當奧運選手，要專精。）
2. 要有品牌：這非常關鍵。
3. 利用資訊科技來傳播。
   其中，1,2兩點是合一的。

現在我把這個Know-how，建立在一個資訊系統裏面，變成很有效的一個管理模式；這個管理模式就可以讓所有亞洲的企業，大家一起來享受。這樣一個產品，一個 Know how，就是一個知識經濟。在知識經濟裡面，最重要的是什麼？知識產業教育。我們的教育能不能外銷？能不能擴大？類似這些問題，都是我們下一波要慎重考量的。

所以，我們建議在進入新經濟裏面，應該要有一個整體的發展策略。以前政府在做這些策略的時候，大概都是由一些政府的幕僚人員，再找國外的專家，來替我們做一個五年、十年的發展計劃；不過，我覺得這種做法現在要改了。我的建議是：就像我們在探討產業界的發展策略時，我們會找產業界的領袖；今

天，當我們在談知識經濟的發展策略時，我們就應該找這些高層決策人員，因為資源是掌握在他們的手上。先由他們來做腦力激盪，然後擬定發展的願景跟策略，最後再交由幕僚和執行單位來規劃。甚至於有一些策略在推動過程中是可以調整的，這個就是可行性的探討；這是因為願景是要長期發展的，所以，資源要重新分配，然後逐步來推動。

結論

- 創新資訊應用是增進競爭力的新核心能力
- 亞洲（亞太）知識產業的中心（創造高附加價值的出口產品）
- 擴大內需市場是提升知識經濟力的主要驅動力量
- 新願景：高感性、高科技的台灣島
- 使命：消除數位經濟的落差

　　面對未來新的知識經濟或數位經濟，資訊的應用，是用來提昇我們競爭力的新的核心能力。我們應該把台灣定位為亞洲或亞太知識產業的營運中心。其中，所謂的知識經濟是包含很多產業，在每一個產業裡面，我們就往知識含量比較大的，高附加價值的走；讓很多產業高附加價值的部分，形成一個新的知識經濟，而且把它變成台灣將來主要的外銷產業。

如何才能使產業具有
競爭力？競爭力又該如何
自我評估呢？

$$F = Ma$$
$$W = MAD$$
$$競爭力 = \frac{价值}{成本}$$
$$F = \frac{48.000}{12.000}$$

$$F = \frac{售价}{成本} = \frac{48.000}{12.000} = 4$$

這是生產成本與產品價值的反平方原理。
成本愈低，產品價格愈高的行業最具有競爭力。

> **施振榮觀點**
>
> 要消弭資訊領先和資訊落後所造成的社會差距，目前這還是無解的事。但是我們不能因為擔心資訊致富、資訊落後者的差距，就放棄進入知識經濟。或許，等一些知識致富的例子出來後，這些例子可以激勵大家跟進。

因為數位經濟一定要應用，才能創造它的附加價值，所以，一定要靠內需市場。不管是「綠色矽島」、「高感性、高科技島」或者「人文科技島」；我想它的理念應該是很清楚了，慢慢地也已經得到全民的共識了。過去，當然我們只談「科技島」，不過，現在應該沒有問題。

實際上，懂資訊的人和不懂資訊的人，或者靠資訊致富的人和資訊落後的人，之間有所謂的「數位落差」（Digital Divide），這個已經變成世界各國所關切的問題。

我記得大概二十幾年前，台灣最引以為傲的就是國民所得前15％與後15％的人，差距只有4.7倍。類似這樣一個數位落差，實際上，在台灣這個地區，我們應該把它當成一個敵人，來消滅它。因

此，我們有兩件事情可以做：一、市場上應該盡量讓電腦更普及化，不要讓有些人因為價格等等因素的障礙而成為資訊時代的文盲。二‧出來一些知識致富的例子，來激勵大家跟進。我想所謂「典範」，如果台灣不只是自己要積極地消除數位經濟的落差，相對地，也協助一些第三世界國家，把這個數位落差拉低的話，就是一種典範。

孫子兵法

火攻篇

孫子曰：

凡攻火有五：一曰火人，二曰火積，三曰火輜，四曰火庫，五曰火地。行火有因，因必素具。發火有時，起火有日。時者，天之燥也；日者，月在箕、壁、翼、軫也；凡四者，風之起日也。

火發於內，則軍應之於外。火發，其兵靜而勿攻，極其火央，可從而從之，不可從而止之。火可發於外，無待於內，以時發之。火發上風，無攻下風。晝風久，夜風止。凡軍必知五火之變，以術守之。故以火佐攻者明，以水佐攻者強。水可以絕，火可以奪。

夫戰勝攻取，不修其政者，凶！命之曰費留。故曰：明主慮之，良將修之。非利不動，非得不用，非危不戰。主不可以怒興軍，將不可以慍用戰；合乎利而用，不合而止。怒可復喜也，慍可復悅也；亡國不可復存也，死者不可復生也。故明主慎之，良將警之，此安國之道也。

※本書孫子兵法採用朔雪寒校勘版本

火攻篇，作戰篇

凡攻火有五：一曰火人，二曰火積，三曰火輜，四曰火庫，五曰火地。

孫子兵法裡，火攻敵方的時候，有五個目標：對方的士卒、對方的糧食、對方的裝備、對方的庫房、對方的土地。

當企業進取市場的時候，最重要的目標則是

· 人才

· 資金

· 無形的服務，諸如廣告公司、媒體

· 通路

行火有因，因必素具。發火有時，起火有日。時者，天之燥也；日者，月在箕、壁、翼、軫也；凡四者，風之起日也。

孫子兵法強調進攻的時候，要看準天候、時機，火攻尤其要看準起風的時候。

企業在進取一個市場的時候，就短期的時機而言，要注意一些政策和環境的變化。譬如加入WTO，就涉及企業對時機的判斷：我們要進入一些市場，是要在加入WTO之前就進呢，還是之後再進，就是時機。

就長期而言，企業進入一個市場的時機，最密切相關的是當地的購買力。購買力足了，也就是時機成熟了；購買力不足，也就是時機還不成熟。

主不可以怒興軍，將不可以慍用戰；合乎利而用，不合而止。怒可復喜也，慍可復悅也；亡國不可復存也，死者不可復生也。

　　孫子兵法強調發動戰爭之前必須愼重，因爲人死不可復生；所以君主不可憑一時之怒而啓動戰爭，一定要明白合乎利而用，不合則止的道理。

　　企業領導者要擴充企業，要開發產品，要進取市場之前，也有些要避免的情緒。

　　企業領導者要避免的情緒，一則是怒，一則是喜。

　　在市場上競爭，不免被競爭者擺一道，很多人這時就被激怒，爲了爭一口氣，一定要打一場殺價戰，或是廣告戰，這就是受了怒的情緒影響。這種殺價戰，或是廣告戰打下去，對誰也沒有好處，兩敗俱傷。

　　在我們的聯網組織協定裡，強調一點：在一個家族裡，不能因爲堂兄弟的不合，就導致下一代的不相往來，這也是以明文規定來避免大家的意氣之爭。

　　所以，第一要避免怒的情緒。

領導者也要避免喜的情緒。喜的情緒最主要顯示在好大喜功上。企業規模要大，市場佔有率要大，一路大下去，就會供過於求，管銷費用過高，難以負荷。

　　台灣企業有愛搶單子的毛病。搶單子會種下不利的未來。

　　就企業的經營來說，長期一定會受領導者『喜』的習性所影響。

　　有些領導者特別喜歡創新，像蘋果電腦的史提夫。傑伯，所以企業也會強調創新的東西。

　　有些領導者特別喜歡管理別人，所以企業也會強調組織的東西。

　　另外，做產品是標準化，做服務是千變萬化，這又是強調細節的東西。

　　不同的領導者，會因為他個人的習性和喜好，而影響整個企業的經營方向。

　　以我來說，我的喜好和使命就是要開創出一個世界

性的品牌，所以我們一定要打開美國市場。但是打美國市場吃力又虧本，這個時候該怎麼辦？

像我現在就提醒自己要量力而為，適度地撤。

總之，要避免這些喜怒情緒的陷阱，在情緒來的時候，不妨問問比較冷靜的人，聽聽他的想法。

凡用兵之法：馳車千駟，革車千乘，帶甲十萬。千里而饋糧，則外內之費，賓客之用，膠漆之財，車甲之奉：費日千金，然後十萬之師舉矣。

作戰是極耗錢財的。經營企業最耗錢財的地方，首先是在打開一個新市場的時候。

因此，我寧可引用開墾而不是作戰的觀念，來看待打開新市場。

開墾之前，要佔地，佔地而不是搶地。

搶地，是很耗錢財的。

佔地，則不見得。因為即使是沒有價值的地，也可以把它耕耘成有價值的地。

其用戰：勝久則鈍兵挫銳，攻城則屈力，久暴師則國用不足。

作戰如果曠時費日，就會國力不足。

我們在美國市場就是如此：久攻不下，就累了，士氣也低。在日本開頭也如此，後來改賣零組件，才可以賺錢。

所以，只要使用同一個方法久攻不下，就要改變打法。虧錢事小，虧了士氣的問題更大。

另外，當一種產品已經是夕陽工業，或是你的競爭力已經大幅下跌，怎麼做也賺不到錢的時候，也要轉戰，不要浪費時間。

夫兵久而國利者，未之有也。故不盡知用兵之害，則不能得用兵之利矣。

　　領軍作戰，不盡知用兵之害，則不能得用兵之利，經營企業，也是如此。

　　一般主管都以為人多好辦事，也以為錢多好辦事。但是，人太多會礙事，錢太多會沒有危機意識，沒有警覺，亂花錢。

　　因此，我常說：要想清楚人到底是利還是弊的因素，錢到底是利還是弊的因素。

　　要會用人，要會用錢，都是一定得先知其弊，才能知其利。

故善用兵者，役不再籍，糧不再載；取用於國，因糧於敵：故軍食可足也···故智將務食於敵，食敵一鍾，當吾二十鍾。

　　孫子強調作戰不擾自己國民，糧食之補給，更要在敵國自行解決。所以說在敵國吃對方一鍾，相當於吃自己本國二十鍾。

　　企業在國際化的時候，到別的國家經營相當於進入敵國，也一定要懂得就地取材，就地補糧的秘訣。

　　其中最重要的是人。如果能就地取材，可以找到可用的人，不但方便、有效，又有利於長期的擴展。何況，我用一個人，對手就少一個人。一來一往之間，不只『吃對方一鍾，相當於吃自己本國二十鍾』的效果。

車戰：得車十乘以上，賞其先得者，而更其旌旗；車雜而乘之，卒共而養之，是謂勝敵而益強。

　　孫子強調鼓勵部下攻取對方車乘，然而納爲自己編制。在國際化的過程裡，雖然也以不斷收編其他國家的企業或市場，而又能配合自己原有體質爲目標，但從某一個方面說，這有很大的限制，不同企業文化之間的限制。因此我們是先進入當地市場，再求擴張，而不著重在當地併購企業。

　　從另一個角度來說，我們進入任何一個地方，會很快速地把當地資源轉化爲我們的全球資源。（譬如把馬來西亞的主管轉調到墨西哥。）

　　在這個過程裡，有兩個重點：

　　1.所有國家的資源，都要整合爲自己一體所用。

　　2.當地的資源只取自己能夠吸收的，可以互補的。

故兵貴速，不貴久。

　　兵法裡強調速度，今天的企業更要如此。

　　由於知識經濟的多元多變，今天企業經營所要講求的速度，是全面性的。

　　技術更新的速度，貨品後勤供應的速度，資訊流通的速度，資金週轉的速度，以及決策的速度，也就是發動變化的速度。

　　各方面的速度都環環相扣，是全面性的。

軍隊如產生疑懼，必使敵國趁隙而來，這就是擾亂自己的軍旅導致敵人的勝利。

所以求得勝之公算有五點：

一、知道甚麼情況可以作戰或不可作戰的能獲勝。

二、瞭解這場戰役應配置多少兵力的能獲勝。

三、政府與人民具有共同信念的能獲勝。

四、自己準備充分、而敵人準備不足的能獲勝。

五、將帥有才能，而君主不加牽制的能獲勝。

這五項是預知勝負的先決條件。

問題與討論

Q&A

Q1
在新經濟時代裏面，以無線通信、軟體、精密機械或生物科技等高科技產業的發展，政府財團法人的角色應如何調整？

在無線通信方面，據我所知，韓國三星（Samsung）集團從五、六年前就孤注一擲地投入兩千名的研發人員，現在已經成為世界的領先者；所幸，第三代通信系統，現在才剛開始萌芽，台灣如果有好的策略，迎頭趕上，也有我們的競爭優勢。因為，至少當台灣要介入一個產業時，一定是百花齊放的模式；而從長期來看，美國的競爭力也是在百花齊放中建立的。

一些外國顧問曾經建議政府，想要比照工研院、資策會的模式，成立無線電財團法人；我個人是持反對的意見，反對的理由就是因為時空已有所改變，這樣做太慢了，來不及了。我認為，如果政府有心的話，應該直接輔導產業，成立幾家旗艦公司，就像當初半導體的聯電、台積電一樣，儘快在民間執行；當然，還要以最快的速度，整合工研院、資策會、中科院、電信研究所的力量。再過一兩年來做，恐怕就太晚了。最近我也了解到，國防政策中的國防役中有一批生力軍，那一些人力都是非常優秀的，都是碩士、博士，學有專長；他們在未來下一波科技發展中，應該會扮演重要角色。我覺得這個國防役的政策，對台灣下一波做研究發展力量的生根，是很有幫助。

如果從另外一個角度來看，在軟體方面，真正世界性的軟體公司，像 Microsoft（微軟）是怎麼起來的？很多的軟體公司怎麼起來的？

他們都是一點一滴慢慢累積起來的；所以，我覺得台北市電腦公會建議的：以內需市場來帶動創新，是個不錯的方法。今天，如果企業投資一塊錢，政府也投資五毛、一塊錢來配合；然後，一起來擴大這個市場，我相信軟體產業在這種環境之下，應該是可以發展起來的。未來，這個軟體產業，可能就有機會，把產品外銷到海外去；也就是說，初期當然要多做一點投資，長期當然就能夠有比較好的回收。

我不斷地強調：應用、服務是以本地的市場為主，當然它的經濟規模就很小；而半導體、個人電腦等產品，都是以國際為市場的，它的競爭力才能夠生存。在這種情況之下，現在我們面對最大的問題就是，精密機械、生物科技等產品，在本地的市場絕對有限，而這些產品對國際市場的掌握度是多少？所以，唯一的機會就是說，我們初步投入適當的人力；然後，我們看準了在國際分工裏面，我們可以扮演什麼樣的角色。反過來，從光電、精密機械這個角度來看，如果它能夠變成資訊產品的一環，我們就有優勢了；它就可以跟著我們的資訊週邊設備，推向全球市場，這條路應該我們是有一些優勢的。

長期來看，說不定像印表機之類，這些已經沒人要做的產品，我們拿來做，還有很大的利潤空間；很有可能會有這種情形產生，我們應該可以再繼續思考。所以，如果要做機械，一定要思考到外銷的市場，國內的市場是絕對不夠；因為，它都是要經濟規模的。應用常常不需要經濟規模，常常應用的越多、服務的越多，當地的人就要越多；所以，即使美國的產品打到台灣來，也沒有什麼用。何況，還有可能軟體本身就是水土不符，也不能配合我們的需求。生物科技到目前來講，如果不是進入國際的市場，我想也有相同的問題；當然，大陸有在考慮生物科技跟中藥之間的關係，以大陸的人口來思考，是不是有另外一個利基（Niche）的可能性，因為我不是很清楚，所以我不敢做任何的評論。

Q2 2010 年願景的願景與目標中，人才是最重要的關鍵，台灣國際化的人才很少，如何讓國際人才願意來台灣，而且可以有效地留住？

 首先是政府的移民政策必須配合。我所謂的移民也不限於華裔的人才，而是全面開放全球的人才。但是，目前大家覺得比較快的方式，當然是引進大陸的人才；因為在美國，大陸人才已經是台灣人才的數倍之多。台灣上一波的經濟發展，是仰賴台灣留美的人才，下一波是不是要借重大陸留美的人才？其實，只要法令同意，大陸人才在生活環境上，並不成問題；反而是講英文的人來到台灣，生活環境本身就是一大挑戰。

第二，在短期方面，實際上，我們在討論的時候，認為不一定要把人力長期放在台灣；我們反而認為，即使再多人給我們，也是絕對不夠的。就算我們要去利用大陸人才，從台灣派再多的人到那邊，也還是不夠；我們不但要給苦難加給，而且他也做不久。所以，如何在大陸就近取才，把他們納入我們的團隊；同時他們隨時可以短期來台灣，一、兩星期或一、兩個月，跟台灣的營運中心整合在一起。

另外，我們透過創投公司去掌握美國的人才，將這些包含非華裔人才，不管印度人、美國人、或者歐洲人等那邊的人才，在美國為我們所用。因為科技是全球的，所以你做出來的科技，一定要廣泛地把量變大；否則，在科技所做的投資，回收是比較無效的。因此，

如果企業的運作是為了全球的市場，當然在美國做的形象比較好，可能也比較領先；但是，那些當地的人才，是在我們的掌握之下，我們也可以充分地應用。這種情形，應該也是我們國際發展策略的模式。

因為要將台灣的環境變好，足夠吸引外國人願意來台工作，這個挑戰很大，需要長期的努力。台灣要像新加坡、香港一樣，先天上在語言上面，就很難突破；此外，進出台灣相對也比新加坡、香港麻煩，這裏面當然還有待再調整，在政策上應該鬆綁。我一再點出，現在全世界都在搶人才，如果台灣願意改變移民的政策，例如，外國人才來台工作，不應該限制每年都出國一次等等，類似這樣的法令把它改變過來，我是覺得應該可以突破；因為，這個對我們吸引人才的形象上面，應該有所幫忙。當然，真正的關鍵、核心的人才，我們應該要想辦法主動掌握；但是，要大規模的吸引人才，恐怕不是那麼容易了。

Q3 台北市電腦公會所談到的五項行動方案，如何落實，而不流於口號？

A 這個主要可以分成三個部分來談：第一部分是所有的同業都要先形成共識。所以，我希望由台北市電腦公會先發動，經過內容產業、軟體產業、硬體產業等各種不同產業的代表在一起，大家形成一個共識之後，我們希望透過網路，讓所有的會員都能夠發表一點意見，彼此溝通，再往下形成共識，這是屬於公會內部的運作部分。

第二個是透過媒體來宣導。我們也以記者招待會的模式，做一些說明，希望社會大眾對此有所討論，大家來形成一個共識。因為，如果弄出來的結論，就像「科技島」之類的個願景；大家不會說這個是好高騖遠，根本是空談，也不會說這個也沒有什麼意義。這就表示大家至少沒有太多的反對，那就比較好推動了。

第三個當然就是政府了。目前政府很積極，知道我們有這個會議，主動邀我們去做報告；並希望跟有關的部會進一步的探討，然後，真正地落實到一些執行的行動方案上。實質上，我有個更大的建議，就是知識經濟的發展策略，相對地，它的範圍更廣泛，不只限於資訊產業。因為，要使整個經濟發展更有效，應該要從整體的角度來看；當然，這還有待進一步地發展。

Q4

在台北所舉辦的 2000 年世界科技大會裏頭，有不少科技公司的總裁不約而同地強調人文關懷，如何在提升科技的同時，又能消除數位落差？

A

不管是人文關懷或者資訊普及等等這些事情，我想應該還是要回歸到企業的基本理念：企業為何而存在？是為了賺錢？還是為了社會的需要？而資訊的普及是不是一種社會需要？我很幸運，自己從事的產業，就是為了要完成這個使命，讓科技普及，人人享受新鮮科技。

回溯宏碁過去二十四年的發展史，是自己積極地在推動科技普及的使命，與政府無關。我們從引進微處理機的技術，然後，成立了微處理機研習中心，訓練了三千個人。甚至，直至今日，我依然忘不了 1982 年我們在全台二十一縣市體育館，舉辦小教授二號巡迴展；當時萬人空巷的壯觀場景，使全台灣為之轟動。1987年四月，我們到高雄市立體育館，舉辦千台電腦大展，有十幾萬個學生到場體驗，激起了南台灣中小學生學習電腦的熱潮，這些都是非常美好的經驗。

宏碁為了讓資訊普及，我們在各方面都是盡力而為的。比如說，最近我們又和文建會合作，舉辦 2000 年數位藝術季，向國際上徵展；利用最新的電腦科技，讓國際上的藝術創作能夠來參展。我始終相信，類似這種推廣活動，因為範圍實在太廣了，以民間的企業來看，應該不限於宏碁一家，相關企業應該可以共襄盛舉。其次，才是政府的推動：資策會所主辦的資訊週、資訊月，對於資訊的普

及，當然也扮演很重要角色。不過，台灣整體資訊應用的水準，仍有待加強。

台灣的資訊硬體產能是全球第三名，但是資訊應用則落於 15 名到 26 名，有各種不同的排名，反正就是中間的一個；所以，我們應該要再繼續加強，讓資訊應用更為普及。也許我們有很多的理由：就像網際網路，到現在還是以英文的世界為主，語言就是一個障礙，對資訊的應用比較不利；或者說，國內市場太小，使資訊應用軟體無法生存等等。不過，類似的理由，都將隨著時間、科技的發展，慢慢地都變成不是一個限制；所以，我們當然不能一直找藉口，反而應該要全力來推動。

實質上，從另一個角度來看，現在的媒體除了工商時報、經濟日報以外，中國時報跟聯合報每天都有資訊版，對於科技普及也有推波助瀾之效；當然，最重要的是，要如何真的落實資訊應用普及化，我認為在這方面，業界是責無旁貸的。像我講了十幾年的「豬八戒都會用的電腦」，至今仍未出現；其實，這是一個很關鍵的東西，資訊家電當

然是朝這個目標在做。但是，很不幸地，為什麼大家都會打手機，但是仍然會問：「我們用電腦做什麼？」毋庸置疑，這是業界的責任。所以，電腦後面若沒有服務，沒有軟體配合的話，也是沒有用的東西。

我們用電腦來做什麼？如果我們要用電腦，學了大半天都是英文的東西，當然是沒有辦法真正地達到普及。今天，很明顯地，網際網路是很好的教育工具，那麼小朋友所需要的教育內容，是不是已經都普及了？而且還不斷地在創新？對那些更吸引人、更有效的教育內容，我們是不是不斷地在創造呢？這個都是與資訊普及相關的課題，大家應該全力要配合。這也正是我強調為什麼要從高科技（High-tech）到無科技（Non-tech）再到高感性（High-touch）的主要理由。

要建構綠色矽島的願景，在經濟發展與環保之間如何取得平衡？

 從企業的發展而言，環境的成本是愈來愈貴；投資到環保、發展經濟不要破壞環保等等，這種理念一定要先存在於企業的思維。我們必須體認到時代已經不同了，透過很多的科技、透過知識經濟的發展，實質上，傳統中經濟與環保二者不能並存的想法，慢慢地都變成可以克服了。

如果是這樣的話，賺錢應該不是一個企業最主要的目的，企業能夠永續地對社會產生貢獻，才是最重要的；所以，有能力的企業，當然對環保的投入一定要更多。因為，經濟發展的目的，實際上是為了要改善生活的品質；所以，環保不好，等於是違反了經濟發展的初衷。

也就是說，如果沒有好的環境，為什麼還要發展經濟？因為經濟的目的，是為了讓生活更好。當然，所謂生活更好，是用物質來衡量？還是環境的問題？基本上，以我們現在的客觀環境，我相信大家都認同環境是優於物質的理念，問題在於我們需要拿出一套具體可行的方法，在經濟發展與環保之間取得平衡。

如果今天大家不接受環保優先這個理念的話，那麼，環保人士跟企業家永遠是對立的，根本無解；因為已經到對立了，根本沒有理性。但是，如果是大家接受環保優先是一個合理的觀念，我們用理性來探討，就能夠有效地解決問題。所以，我覺得企業家應該要先認同環境是企業永續經營、永續發展的根本；然後，有機會讓所有環保人士有信心的話，事情應該能夠慢慢解決。

台灣要成為亞太知名品牌中心，應如何在內容及人機界面上加強創意與美學？

 我想，第一個要先釐清的是：到底創意或創新這件事情，是與生俱來的天賦？還是可以經過後天訓練出來的？或者是受到週遭環境所影響的？實質上，我覺得環境可能是最重要的，訓練是其次，天賦是排第三的；因此，能掌握創新環境的人，才是關鍵。其實，創新環境可大可小，家庭也可以是一種創新的環境；例如，當我在家裏看到小孩子在創新，會不會打他一個耳光？還是鼓勵他？這些行為都是和創新環境的塑造有關的。

我覺得在未來的知識產業裡面，本身已經知道的知識，大家自然就用了，根本沒有價值可言。所以，我們就要想辦法去發展一些我們不知道的、新的、有用的知識；在這種創新的模式下，我想我們會發展會更好。實質上，未來台灣要發展普及化到人人可用的產品，市場最大的還是在大陸；所以，最了解大陸市場的人，我希望會是我們。產品要有好的人機介面，要了解他的文化，我們有沒有機會？我們還是很有機會！因此，還是一個環境的問題：你有沒有這個前瞻性，要不要去投資，慢慢培養這個能力的問題。

實際上，宏碁數位藝術中心本身也在談一個很重要的使命：如何讓知識創作者（藝術家）致富？不是數位藝術而已，不是用數位科技來創作；而是說，藝術創作者，透過數位的普及化，他如何來致富？今天，當然我們都是知識份子，我們希望知識真的是有力量的，就是如何透過知識來創造財富，不是用空講的；我們要有一個環境能夠把它落實，以便鼓勵更多的人，朝這方面來做。

Q7 爲何特別強調『軟體方面，眞正世界性的公司，如微軟，都是一點一滴累積起來的。』？

A

硬體的經營，是在人才的累積上。因爲在產品的開發上，往往是很快地突破，一代飛快地超越一代。

軟體，則要不斷地從各方面點點滴滴地累積，不論就軟體本身的形成，還是市場的形成，都是如此。但是一旦形成，使用者習慣了，再加上有copyright，別人根本沒法取代。

所以，做軟體的人，累積三、五年經驗（並且還沒走錯路），根本造不成競爭障礙。

但是做硬體的人出走，複製可以很快。但是軟體的就沒辦法。

再以爲出版業寫軟體爲例，了解三年和了解五年的人，寫出來的軟體就是不同。

附 錄 1
施振榮語錄

1.

台灣上一波經濟發展是仰賴台灣留美的人才，下一波是否能靠大陸留美人才？

2.

全世界都在搶人才，在顧及國家安全的原則下，政策應多做一些開放。

3.

電腦背後若沒有服務、軟體配合，很不容易使用，也是無用之物

4.

環境最重要，訓練其次，天賦排第三。

5.

經濟發展的目的是為了改善生活品質，如果沒有好環境，為什麼還要經濟？現在這個理念大家都認同，問題在於要拿出一套具體可行的方法。

6.

軟體產業仍大幅落後，資訊產業蓬勃是使得台灣免於金融危機的重要因素。

7.

未來的經濟發展不應再犧牲環境。

8.

過去台灣企業官商勾結，正是出於企業家單獨與政府交流，這不是一種好的互動型態。

9.

台灣的民主發展已有絕對成就，再做宣傳有其局限，不若改而宣傳台灣是
新經濟的領航者，既無政治問題，對國家形象助益更大。

10.

以電子發票摸彩為號召，如果能變成世界最領先，對台灣定位有加成之
效。

11.

國防政策中的國防役生力軍，在未來下一波科技發展會扮演重要角色。

附 錄 2
孫子名句

1.
致人而不致於人，善戰者也。
2.
出其所不趨，趨其所不意；
行千里而不勞者，行于無人之地也；
3.
形兵之極，至于無形；
無形，則深簡不能窺，智者不能謀。
4.
形人而和無形，則我專而敵分，
我專為一，敵分為十，是以十攻其一也。則我眾而敵寡，
能化眾擊寡，必勝也。
5.
攻而必取者，攻其所不守也；
守而必固者，守其所不攻也。
6.
知戰之地，知戰之日，則可千里而會戰。
不知戰之地，不知戰
之，則左不能救
右。

7.

能夠不必打仗，而能使敵人降服，才是高明中的高明。

8.

不戰而屈人之兵，善之善者也。

9.

知己知彼，百戰不殆。

10.

知天知地，勝乃可全。

領導者的眼界 **4**

願景如何實現？

以及**2010**年的目標

施振榮／著・蔡志忠／繪

責任編輯：韓秀玫　　封面及版面設計：張士勇
法律顧問：全理律師事務所董安丹律師
出版者：大塊文化出版股份有限公司
台北市105南京東路四段25號11樓
讀者服務專線：080-006689
TEL：(02) 87123898　FAX：(02) 87123897
郵撥帳號：18955675　　戶名：大塊文化出版股份有限公司
e-mail:locus@locus.com.tw

www.locuspublishing.com

行政院新聞局局版北市業字第706號
版權所有　翻印必究

總經銷：北城圖書有限公司
地址：台北縣三重市大智路139號
TEL：(02) 29818089 (代表號)　FAX：(02) 29883028　9813049
初版一刷：2000年10月
定價：新台幣120元
ISBN 957-0316-33-0　　　Printed in Taiwan

國家圖書館出版品預行編目資料

願景如何實現？
：以及2010年的目標
／施振　榮著；蔡志忠繪. --
初版. -- 臺北市：大
塊文化，2000[民 89]
面：　公分. -- (領導者的眼界；4)
ISBN 957-0316-33-0 (平裝)
1. 企業管理　1. 知識經濟

494

大塊文化出版股份有限公司　收

編號：領導者的眼界04　　書名：願景如何實現？

讀者回函卡

謝謝您購買這本書，爲了加強對您的服務，請您詳細填寫本卡各欄，寄回大塊出版 (免附回郵) 即可不定期收到本公司最新的出版資訊，並享受我們提供的各種優待。

姓名：　　　　　　　　　**身分證字號：**

住址：＿＿＿＿＿＿＿＿＿＿＿＿＿＿＿＿＿＿＿＿＿＿＿＿＿＿

聯絡電話：(O)＿＿＿＿＿＿＿＿＿　　(H)＿＿＿＿＿＿＿＿＿＿＿

出生日期：＿＿＿＿年＿＿＿月＿＿＿日　**E-Mail：**＿＿＿＿＿＿＿＿＿

學歷：1.□高中及高中以下　2.□專科與大學　3.□研究所以上

職業：1.□學生　2.□資訊業　3.□工　4.□商　5.□服務業　6.□軍警公教
7.□自由業及專業　8.□其他＿＿＿＿

從何處得知本書：1.□逛書店　2.□報紙廣告　3.□雜誌廣告　4.□新聞報導
5.□親友介紹　6.□公車廣告　7.□廣播節目8.□書訊　9.□廣告信函
10.□其他＿＿＿＿＿＿

您購買過我們那些系列的書：
1.□Touch系列　2.□Mark系列　3.□Smile系列　4.□catch系列　5.□天才班系列
5.□領導者的眼界系列

閱讀嗜好：
1.□財經　2.□企管　3.□心理　4.□勵志　5.□社會人文　6.□自然科學
7.□傳記　8.□音樂藝術　9.□文學　10.□保健　11.□漫畫　12.□其他＿＿＿＿

對我們的建議：＿＿＿＿＿＿＿＿＿＿＿＿＿＿＿＿＿＿＿＿＿＿

＿＿＿＿＿＿＿＿＿＿＿＿＿＿＿＿＿＿＿＿＿＿＿＿＿＿＿＿＿＿

LOCUS

LOCUS

LOCUS

LOCUS